U0169552

像地质学家一样思考

[英]埃米莉·多德/著　　[英]罗比·卡思罗/绘　　张薇/译

浙江教育出版社·杭州

图书在版编目(CIP)数据

像地质学家一样思考 / (英)埃米莉·多德著;
(英)罗比·卡思罗绘;张蘅译. -- 杭州:浙江教育出
版社,2024.5(2024.10重印)
(科创少年来了)
ISBN 978-7-5722-7752-8

Ⅰ.①像… Ⅱ.①埃… ②罗… ③张… Ⅲ.①地质学
—少儿读物 Ⅳ.①P5-49

中国国家版本馆CIP数据核字(2024)第097104号

浙江省版权局著作权合同登记号:图字11—2024—092号

Everyday STEM Science - Geology
First published 2022 by Macmillan Children's Books an imprint of Pan Macmillan
Text and illustrations © Macmillan International Publishers Ltd

目 录

什么是地质学？

地质学就在我们身边。小到手机部件，大到月球表面的陨石坑，都有地质学的身影。地质学是一门从岩石和地貌中寻找线索、还原地球故事的学科，它能为我们讲述地球的运转、震动、诞生和毁灭，讲述山脉如何被侵蚀成细沙，海床如何裂开演变形成新的陆地。地质学酷毙了！

地质学的定义

"地质学"的英文单词"geology"来源于希腊语，其中"ge"意为岩石或地球，"logos"意为知识。地质学既是自然科学，也是历史学。它研究的是地球的形成过程、地表的演变历史，以及导致地球发生如今的演变的原因。研究地质学的科学家被称为"地质学家"。

此刻，我们走在水泥路上，脚下的石头却来自冰川时期。远古的冰川将巨大的岩石磨成小块，碎石顺河流而下，沉入大海，直到千万年后才被我们挖掘出来。

自行车车身上的铝最初是以岩石形态存在的。岩石被雨水溶解后，渗入热带地区的泥浆中，形成铝土矿，后来作为生产金属铝的原料被开采出来。

詹姆斯·赫顿
（1726—1797）

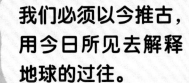

我们必须以今推古，用今日所见去解释地球的过往。

詹姆斯·赫顿因为一项重要发现而被誉为"现代地质学之父"。他认为，现在地球上发生的现象必定在以前就发生过，并且岩石一直在经历一个循环往复的过程。他观察到，山脉受到侵蚀后崩解形成的堆积物被河水冲刷到海里，进而得出结论：随着海底沉积物的层层叠加，海床受到挤压变成岩石，最终将隆起为山脉和火山。赫顿的发现证明，地球远比人们想象的要古老。

侵蚀，
沉积，
然后隆起！

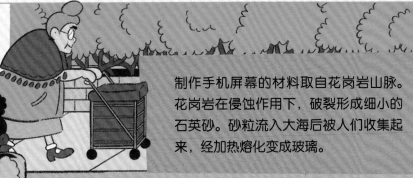

制作手机屏幕的材料取自花岗岩山脉。花岗岩在侵蚀作用下，破裂形成细小的石英砂。砂粒流入大海后被人们收集起来，经加热熔化变成玻璃。

圆珠笔中的塑料来自微小的远古海洋生物。它们死后深埋于地下，在压力作用下慢慢变成石油，数亿年后被开采出来，加热制成塑料。

地球科学

地球科学是以地球为研究对象的科学。它的研究范围涵盖地球的物理结构、水循环系统，以及包裹地球的大气。地质学是地球科学的一个分支，你或许还听说过其他的分支，比如研究海洋的海洋学和研究大气的气象学。那么，地质学家是怎么工作的呢？

地质学家的工具箱

下面列出的工具，你能在图上找到哪几种?

地质罗盘
用于测量岩层的倾向和走向。

便携放大镜
能放大岩石中的晶体和颗粒，用来识别岩石成分。

地质锤
能够敲下小块岩石样本，收集起来以备日后识别。

排刷
能够刷除易碎化石上的尘土，而不造成损坏。

笔记本和铅笔
记录信息、绘制岩石简图和做笔记的必备工具。

地质图
对岩石及其他地貌特征进行定位。

普通地图
用来绘制地质图的基础地图。

地质显微镜
能照亮岩石薄片，并将其放大。

盐酸
用于检测生命迹象：有机物遇盐酸会产生气泡。

安全帽
保护头部免受掉落的岩石、沙土或砾石的伤害。

结实的靴子
支撑双足，并保持全天候干爽。

照相机
用于拍摄岩石和地质结构。

地质工作

许多有意思的工作都需要用到地质学知识。一起来了解一下吧!

火山学家

通过测温、观测火山喷出的气体来监测火山的活动,预测下一次火山喷发的时间。

古生物学家

通过挖掘、鉴定化石来识别某一地区的岩层,并确定其形成的时期。

地球物理学家

利用电和磁探测地下岩层的差异,寻找地球内部的矿藏资源。

地震学家

利用地震的发生规律和地震波的传播规律,预测下一次地震的时间、地点、震级。

水文地质学家

检测供水系统,确保水体未被附近矿场泄漏的化学物质所污染。

地貌学家

研究地表的形态特征,以及风化作用、侵蚀作用、沉积作用等对地表形态的影响。

岩石分类

岩石可以分为沉积岩、岩浆岩和变质岩三大类。沉积岩由沉入水底并层层堆叠的岩石颗粒构成。岩浆岩由熔融的岩浆在地下或喷出地表后冷凝而成。变质岩是沉积岩或岩浆岩在高温（但未熔融）、高压之下形成的新岩石。

莫氏硬度计

硬度增加

1. 滑石

  ← 指甲

2. 石膏

3. 方解石

  ← 铜币

4. 萤石

5. 磷灰石

  ← 刀 / 玻璃

6. 正长石

  ← 钢

7. 石英

8. 黄玉

9. 刚玉

10. 金刚石

鉴定岩石的方法之一是用莫氏硬度计测量其硬度。硬度高的石头和物体能够在硬度低的石头和物体表面留下刻痕。

沉积岩

除了岩石颗粒，沉积岩中还含有鹅卵石、碎贝壳、骨头、珊瑚碎片和鱼粪。

砂岩

显微镜视图

砂岩中的颗粒物只有砂粒大小，其中包括沙子、岩石碎屑以及动植物的残骸，它们由更小的黏土颗粒胶结在一起。

页岩
由细腻的黏土颗粒构成。

石灰岩
形成于平静的热带浅海。

菊石
一种软体动物化石，有助于确定岩石形成的时期。

通过观察沉积岩中颗粒物的大小、形状和均匀程度，地质学家能够识别岩石种类，推测出沉积物沉入水底时的水下环境。

粒级

大小	形状	均匀程度
砾	棱角状	差
砂	次圆状	中等
粉砂	圆状	好

岩浆岩

由高温岩浆在地下深处或喷出地表后冷却凝结而成的岩石，又称"火成岩"。

花岗岩

显微镜视图

岩浆岩中的晶体随熔岩的冷却和硬化而变大。花岗岩冷却缓慢，因此有时间形成较大的晶体。

玄武岩
玄武岩多分布在火山周围，因冷却快速，所以晶体较小。

浮岩
这种多孔的熔岩中满是气泡，所以能浮在水面上！

绳状熔岩
熔岩流动过程中，表层先冷却结壳，形成绳状。

结晶作用

炽热的岩浆中含有不同的矿物成分。随着岩浆的冷却，这些矿物先后变成晶体，并胶结在一起。

熔融态岩石
炽热的熔融态岩石叫"岩浆"，位于地下深处的岩浆房中。

晶体形成
岩浆开始冷却，不同矿物先后析出，形成晶体。

岩浆岩形成
随着时间推移，晶体增大，胶结成坚硬的岩石。

变质岩

地球深处原有的岩石在高温、高压环境下，结构、构造和矿物组成等发生变化而形成的岩石。

板岩

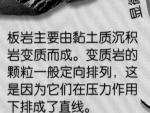

显微镜视图

板岩主要由黏土质沉积岩变质而成。变质岩的颗粒一般定向排列，这是因为它们在压力作用下排成了直线。

石英岩
由纯质石英砂岩变质形成。

片麻岩
由岩浆岩或沉积岩变质形成，呈片麻状。

片岩
由泥岩和页岩在高温、高压下变质而成。

变质作用

变质作用多发生在地壳活动频繁或接近岩浆的地带。当炽热的岩浆向上运动时，周围的沉积岩受到挤压产生褶皱，形成变质岩。

岩浆　　　变质岩形成　　　沉积岩层

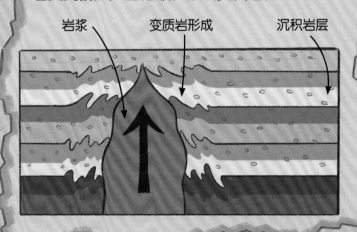

岩石循环

不同种类的岩石不断被创造、侵蚀和重塑，这一周而复始的过程被称为"岩石循环"。高山在冰、水和风的侵蚀下崩解成小石块；碎石被河流搬运到大海，沉至海底，沉积物层层堆积压实，硬化成沉积岩；沉积岩受到挤压后隆起，形成新的山体，开始新一轮的循环。

风化作用
天气以两种方式瓦解岩石。一是物理风化，冰、水和风的作用就属于这一类；二是化学风化，如雨水中的酸性物质会溶解岩石。

搬运作用
搬运作用指岩石和沉积物从一处转移到另一处。例如，河水裹挟着鹅卵石顺流而下。

沉积作用
水中的泥沙（沉积物）沉入水底，堆积起来。

沉积岩
越来越多的沉积物落在之前的沉积层上，年代最久远的沉积层位于地下深处，在巨大的压力下变成沉积岩。

沉积
当冰、水和风的流速变缓时，其携带的碎石、砂砾就会沉淀堆积，这个过程就叫"沉积"。

海底扩张
海洋地壳裂开，熔融的岩石填补缝隙。这样就在大洋底部沿着洋中脊诞生了新的地壳。

侵蚀作用
流水及其所挟带的碎石、砂砾等不断对地表冲刷和磨蚀。

岩浆岩
岩浆冷却固结后形成的岩石。这一过程可以发生在地下、水下或地表。

喷出作用
岩浆通过地壳裂口、火山口到达地表。火山喷发时会将熔岩、气体和火山灰同时喷出地表。

火山

隆起

陆壳

洋壳

结晶作用
岩浆在地下冷却，形成晶体和新的岩石。岩浆冷却得越慢，形成的晶体就越大。

俯冲带
较薄的洋壳俯冲到较厚的陆壳之下，洋壳在地幔的高温下熔融。

变质岩
在这里，岩层受热形成褶皱，但未熔融。这一过程使岩浆岩和沉积岩演变为变质岩。

岩浆
地表之下炽热的熔融态岩石。岩浆和气体上涌冲破地面，形成火山。

大陆漂移

由岩石循环引起的微小的岩石运动日积月累、聚沙成塔，改变着地表。地表的岩石板块好似一块块巨型拼图，缓慢地运动着形成了今天的大陆。这种运动被称为"大陆漂移"。

现在的地球

2.5 亿年前的地球

手机里的地质学

手机是个小巧的地质学百宝箱。这个百宝箱里有各种宝贵的金属，它们是从一种叫作"矿石"的岩石中开采和提取出来的。将手机内部各个零部件连接起来的排线来自黄铜矿；手机屏幕由熔化的石英砂制成；手机内部的塑料部件则来自石油。

焊料

原材料：锡矿、银矿

手机里的电路被一种叫"焊料"的高温液态金属焊接在一起。焊料由锡或银制成，它们分别来自锡矿和银矿。焊料冷却后硬化，具有导电功能。

通孔

原材料：黄铜矿

黄铜矿是一种常见的含铜矿石，色泽艳丽。从中提炼出的铜易导电、易弯曲，是制造通孔的好材料。

芯片

原材料：石英岩

与手机屏幕不同的是，芯片用到的是高纯石英砂——石英岩经过破碎加工、提纯形成的石英颗粒。石英岩是一种变质岩。

外壳

原材料：铝土矿

手机外壳所用的金属铝是从一种叫"铝土矿"的岩石中提取的。铝土矿是一种沉积岩，硬度较小，从中提取铝会耗费大量能量。

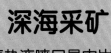

深海采矿

深海热液喷口是由岩浆加热海水形成的烟囱形状的地质结构，其周围的沉积物中富含金属。未来，我们有可能从这里采矿，制造手机零件！

矿石

矿石是一种岩石，我们可以从中提取金属。例如，从铁矿中提取铁。

屏幕

原材料：石英砂

手机屏幕是用被风化的岩浆岩（确切地说是用花岗岩）加工形成的石英砂制成的。工厂将石英砂加热制成玻璃，然后加入铝，以增加玻璃强度。

电池

原材料：锂矿

用于制造充电电池的锂有两个来源：一是盐湖中富含锂矿的蒸发岩，二是地球深处的一种叫"伟晶岩"的岩浆岩。

石油的形成

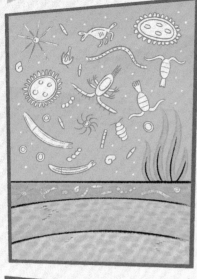

1. 浮游生物死亡

浮游生物是微小的海洋动植物。它们死后沉入海底或沼泽底部，被沉积物层层覆盖，越埋越深。

2. 石油形成

在长达数百万年的时间里，浮游生物层在地下受到高温、高压的作用，转变成石油和天然气，并通过多孔岩石向上运动。

← 石油

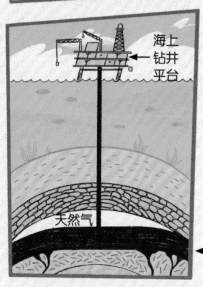

3. 开采石油

海上钻井平台

石油和天然气上升到坚硬的岩层后停止向上运动。我们钻穿这层岩石，然后往油井里泵水。由于油能够浮在水上，石油就会上升到地表来。

天然气

← 石油

塑料

塑料无疑是一项革命性的发明。它不易与液体及化学物质发生反应，也不像玻璃或陶瓷那样易碎。虽然一次性塑料造成了严重的污染问题，但塑料的功劳也不小：防弹背心、输血袋、自行车头盔、宇航服等都是有用的塑料制品。下面的过程重现了史前浮游生物是如何变成塑料成品的。

由此向前！

运输

开采出来的石油叫"原油"。它被泵入并储存在一艘叫"油轮"的大船上。油轮将原油从海上钻井平台运到陆上的炼油厂。到了陆地上，原油可以经由管道输送。

制作塑料瓶

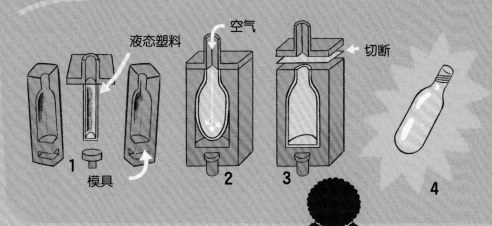

液态塑料　空气　切断
模具　1　2　3　4

聚乙烯颗粒被运往另一家工厂，热熔后被吸入注塑模具。往模具中泵入空气，将液态塑料挤压成模具的形状。待塑料冷却后拿掉模具，一只塑料瓶就制成了。

原油的精炼

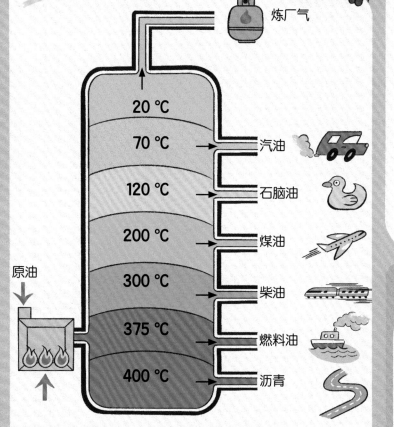

炼厂气

20 ℃	
70 ℃	汽油
120 ℃	石脑油
200 ℃	煤油
300 ℃	柴油
375 ℃	燃料油
400 ℃	沥青

原油

原油中混杂了多种液态物，用蒸馏法可以将它们分离开。首先，加热原油使其汽化。随后，不同的汽化物在不同的温度下冷凝，由气态变为液态。冷却后的各种液体最后从不同高度的管道排出。

聚合反应

石油裂化裂解的产物之一是乙烯，将其加热并与化学物质混合，就可以制成聚乙烯——塑料的一种，聚乙烯可以进一步被切割成聚乙烯颗粒。

石油裂化

小分子碳氢化合物
加热　裂化　催化剂
大分子碳氢化合物

石脑油等石油产品中含有由氢原子和碳原子组成的长链化合物，在热或催化剂的作用下，它们会断裂为多个短链。这一过程叫作"裂化"。

易拉罐

当你打开一听饮料，听到汽水"嗞嗞"作响的时候，脑海里会闪过地质学知识吗？制作易拉罐的铝是地球上最常见的金属之一，但自然界中不存在天然的金属铝，铝总是混在泥土和岩石中，以矿石的形式存在。用于冶炼铝的最常见的矿石是铝土矿（一种沉积岩），从铝土矿到易拉罐的过程要消耗大量的能量。

开采

首先，地质学家要进行勘探，判断土壤中是否含铝。如果矿藏丰富，就会启动开采。先用推土机和炸药使矿石松动，再用挖掘机收集矿石装上卡车。

← 钻探

冶炼厂

开采出来的铝土矿被运往冶炼厂，先经过机械粉碎，再经过提纯、冶炼，最终得到金属铝。

提纯

被粉碎的铝土矿经蒸煮、过滤，变成一种细腻的白色粉末，即氧化铝。

冶炼

在1000℃的高温下，通电将氧化铝电解，从中分离出纯铝。

铸造

将铝液倒入铸造模具中，冷却后形成固体铝棒。

商店

易拉罐最终会出现在商店的冰柜中。在你买到它们之前，它们说不定已经"游历"了好几个国家呢！

回收利用

制造1个新易拉罐与制造20个再生易拉罐耗费的能量相同！铝重新被熔化后不会降低品质，所以可以被无限回收利用。

饮料公司

不带盖子的易拉罐被运往饮料公司，注入带气的饮料后被加盖密封。

加工厂

铝棒被出售给另一家工厂，经铸轧（zhá）、切割后制成易拉罐。

轧制成铝皮

将铝棒加热熔化，倒入轧机中，再利用轧辊（gǔn）的压力将其轧制成大而薄的铝皮。

制作易拉罐

用机器将铝皮加工成不带盖子的易拉罐。易拉罐会被清洗多次，其中包括用酸洗！

采矿的环境效应

　　金属和煤炭的开采改变了地貌，并引发了一系列环境问题。即使在矿井关闭后，危害还会长期存在。成堆的采矿废弃物在雨水浇灌下，变成一个个含大量重金属的弱硫酸池。一旦酸和金属进入水体和土壤，就会危及在附近生活的动植物和人类，后果不堪设想。

　　一起来看看地质学家如何应对矿业污染问题吧。

自然办法

重力和植物可以净化水！在天然地形的基础上，我们只需要挖一些沟渠，就可以将污水引到芦苇地里。芦苇能够吸收水中的重金属，减少酸性物质，从而修复水体。但这个办法只能去除少量污染。

露天金属矿

土地再生

只要政府、矿业公司和环保组织开展合作，就可以逆转采矿造成的损害。昔日的露天矿山可以变成包括芦苇地、林地、湖泊、岛屿在内的自然保护区，为动物提供栖息地的同时，也可供人类欣赏。

泽尔马·梅因 – 杰克逊（1950—）

泽尔马·梅因 – 杰克逊是美国地质勘探学家。在她职业生涯的早期，她通过分析落基山脉的岩心*来寻找铀矿。如今，她致力于研究并清除华盛顿地下水中的核废料，帮助受有害废弃物影响的社区居民争取权益。此外，她还在业余时间拯救海龟！

----

* 用地质钻机从钻孔中取出的柱状岩石标本。

化学办法

在许多矿山中，人们会用石灰岩的粉末处理酸性废水。石灰粉为碱性，酸碱发生中和反应，使溶解的重金属从水中析出，转化为便于清除的有毒污泥。但并非所有矿山附近都有石灰岩露头。

生物办法

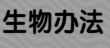

细菌是微小的单细胞生物，它们中的一些可吞噬包括酸在内的有毒物质。如果往酸性废水中添加合适的细菌，利用细菌分解水中的污染物，就可以降低废水的酸度。这种解决方案被称为"生物修复"。

19

混凝土

由罗马人建造的第一批混凝土建筑至今屹立不倒，足见混凝土有多么坚硬、牢固。现在，地球上超过三分之二的人口都居住在混凝土建筑中。当你在水泥路上骑自行车又或者穿过隧道的时候，你是否对混凝土的制造过程产生过好奇？是否想过它的原材料来自哪里？你可能无法立即做出回答，但可以肯定的是，这些原材料都是数千万年地质变化的产物。

砂

砂是侵蚀作用形成的岩石颗粒。山峦经风吹日晒后形成的碎屑随江河流入大海。这些碎屑在水中相互碰撞，越磨越小，最终变成细砂。

砾石

砾石就是小块的岩石。当大块岩石受到河水或冰川的冲击而碎裂时，天然砾石就形成了。当缺乏天然砾石时，也可以用机械将大块岩石轧碎成人工砾石。

水泥

水泥是由碾碎的黏土和石灰岩制成的粉状材料。黏土来自河床上的淤泥，石灰岩则是一种沉积岩。将石灰岩和黏土混合加热，然后研磨成粉，就能得到水泥。

原材料从何而来？

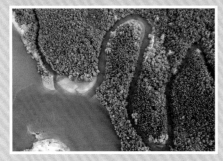

大多数建筑用的砂是从河床挖出来的。

大块岩石被移动的冰川磨蚀，剥落的部分变成砾石。

水泥是用开采出的石灰岩制成的。

水

左侧这些干燥的原材料加水搅拌后就成了混凝土。其中，水泥掺水后会发生化学反应，变成一种"超级胶水"，把所有骨料（砂和砾石）都胶结在一起。

混凝土

浇筑完毕后，需要对液态混凝土拌合物进行振捣，排掉气泡。混凝土凝固后，就会变得坚硬无比。由于拌合物中材料的配比不同，混凝土的强度有所不同。

我们的混凝土产量相当于塑料、钢和铝总产量的两倍。

21

地震

板块缓慢地向不同方向运动，一旦发生断裂或错动，就会瞬间释放出大量能量，引发地震。

震中
震源正上方的地面。

地震波
在地球内部和地表传播。

断层
板块沿着断层发生相对运动。

啊！

震源
地震的发源地。

地震预测

地震大多发生于板块交界处，其地点相对好预测，但要想预测地震的时间可就难了。一种预测方法是从已发生的地震中总结时间规律，推测未来。

断层运动

断层运动可以是大规模的，即整个板块一起移动，也可以只涉及小块岩石。根据岩石的运动方向，可以将断层分为三类：

走滑断层
岩石沿垂直断层面做水平相对运动，又称"平移断层"。

正断层
断层面上方的岩石下降，滑到下方的岩石以下。

逆断层
和正断层的方向相反：断层面上方的岩石上升。

当地震发生时，支架开始左右晃动。

重锤
笔
滚筒带动纸张旋转，记录支架随时间的移动情况。

地震仪

这个简易地震仪可以测量地震的强度和持续时间。当地面开始晃动时，支架随之晃动，而笔因重锤的惯性几乎保持静止。笔随着滚筒的转动，记录下支架相对于重锤移动的距离。

22

地震波

每当有地震发生，全球各地都会用地震仪进行测量。地震波分为纵波（P波）和横波（S波）两种。汇总测量数据，有助于我们了解地球内部的情况。

纵波

纵波的振动方向和传播方向一致，能够压缩或拉伸介质。当介质改变，如从固体进入液体时，其传播方向也会发生变化。我们可以通过纵波了解地球内部圈层的构成。

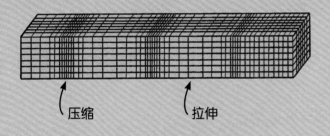

压缩　　　拉伸

震中

固态
内核

液态
外核

阴影区　　　　　　　阴影区

横波

横波的振动方向和传播方向垂直，又叫"剪切波"。它比纵波的移动速度要慢，且无法在液体中传播。从横波的阴影区（波无法到达的区域）可以推断出地球有一个液态外核。

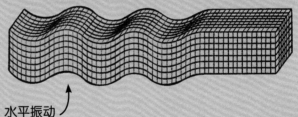

水平振动

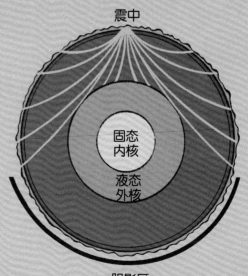

震中

固态
内核

液态
外核

阴影区

地球的内部圈层

地球由地壳、地幔和地核三个圈层构成。最外层的地壳，也就是我们脚下的大地，由坚硬的岩石构成。在某些区域，地壳之上漂浮着海洋。地壳之下是地幔，它也由岩石构成，只不过这些岩石会缓慢地流动。地球的最内层是地核，其中外核由液态金属构成，内核由固态金属构成。

内核
固态金属

外核
液态金属

地幔
岩石

地壳
岩石

上地幔
含部分熔融的地幔岩。

外核

陆壳
平均厚度为 35 千米，主要由花岗岩构成。

洋壳
平均厚度为 7 千米，主要由玄武岩构成。

下地幔
缓慢流动的固态岩石。

内核

如果把地球比作苹果，那么地壳就和苹果皮一样薄。

岩石监测

- 地震波在穿过不同的地质层时，会加速、减速或改变方向。因此，监测地震能帮我们了解地球的内部结构。
- 我们可以通过分析地表岩石来估测地球内部各层的成分。
- 地球是一块巨大的磁铁！它的外核由铁、镍等液态金属构成，会在地球周围产生磁场。

弗洛伦斯·巴斯科姆（1862—1945）

弗洛伦斯·巴斯科姆是美国第一位女地质学家。

她自 1895 年至 1928 年任美国布林莫尔学院地质学教授。

自 1896 年至 1936 年任美国地质勘探局研究员。

巴斯科姆是研究阿巴拉契亚高地皮德蒙特地区结晶岩的权威人物。

作为一名科学家，她的一些重要发现至今仍被地质学家采用。

她提升了女性在科学，尤其是在野外科考工作中的地位。在那个年代，这些都被看作男人的工作。

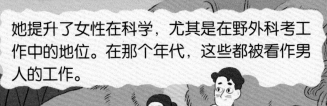

作为一名教师，巴斯科姆桃李满园，当时美国的女性地质学家多半出自她门下。

"无论哪位女性对科学表现出兴趣，我总是很高兴地告诉她各种可能性，让她自己做出选择。女性做科研不仅要具备强大的心理素质，还要有强健的体魄和巨大的勇气。"

板块构造

位于地球最外层的地壳由岩石构成。这层岩石并非整体一块，而是断裂成了几个巨大的块，即我们常说的"板块"。板块向不同方向移动，其速度与人类指甲生长的速度大致相同。火山活动和地震大多发生在板块交界处。

爆发式火山

当板块相互靠近时，较薄的大洋板块俯冲到较厚的大陆板块下方。较薄的大洋板块熔融，形成的岩浆以爆炸的形式喷发出来。

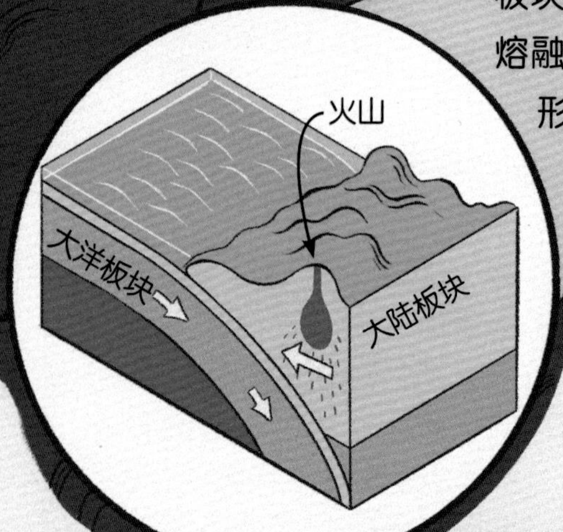

火山

大洋板块

大陆板块

热点火山

当地幔中的岩浆沿地幔柱上升并顶破大洋板块时，就形成了热点火山。由于大洋板块移动，而地幔柱不动，久而久之，就形成了火山岛链。

火山岛链

地幔柱

岩浆房

新地壳形成

岩浆

溢流式火山

当板块彼此远离时，岩浆从板块之间的裂缝慢慢涌出，这种较温和的喷发方式就是溢流式喷发，它可以形成新的地壳。

图例

板块交界处
板块与板块相交的地方。

板块运动
板块移动会引发地震和火山活动。

N

火山监测

专门研究火山的地质学家被称为"火山学家"。活火山很危险，因此火山学家需要借助工具和技术，在安全的距离进行监测。地震活动、温度变化、气体排放增加、地表位移等自然现象都是火山喷发的前兆，而火山学家需要研究所有这些前兆，并结合全球各地火山喷发的数据，做出可靠的喷发预测，制定疏散计划，拯救生命。

火山有异动？监测设备来报警！

红外热成像仪

火山学家借助红外热成像仪观测火山的温度变化，从而判断哪些熔岩流更热、更新。当岩浆开始从主通道上涌时，整座火山都会升温，火山学家可以根据观测到的温度变化提供喷发预警。

倾斜仪和GPS

火山喷发前，山体侧面常会隆起或者裂开。倾斜仪的原理和水平仪一样，只要火山坡度出现轻微变化，其内部的气泡就会移动。火山周围还设有GPS（全球定位系统）监测站，如果数据显示监测站之间相互远离，则说明地面出现了扩张性形变。

卡蒂亚·克拉夫特

（1942—1991）

远距离监测火山的技术还未问世，法国火山学家卡蒂亚和丈夫莫里斯就已经近距离观察并拍摄火山喷发了。他们头戴熔岩防护头盔，手持防爆盾牌，向着最危险的地方前进，近距离研究熔岩流、火山灰、酸雨和新型火山。夫妇俩创办了一个火山研究中心，留下了很多关于火山的著作和珍贵的影像资料。不幸的是，他们在一次观测中被突如其来的喷发吞噬遇难。

蜘蛛形机器人

蜘蛛形机器人可以深入火山口，监测从火山逃逸出的气体。如果测出有硫化氢，就预示着火山即将喷发。或者，火山学家也可以用光谱仪远距离监测气体，通过分析紫外光谱推断火山喷发出的气体种类。

雷达

无线电波可用于绘制火山表面的三维图像，从而预测熔岩流的运动模式。雷达还能监测火山高度的细微变化。

无人机

无人机可以飞到距离火山很近的地方进行拍摄，还可以携带二氧化硫探测器、颗粒物传感器和空气采样瓶。

研究化石

化石为我们提供了探寻过去的线索，它们能告诉我们地球上存在过哪些生命形式、它们的生活方式和生存环境如何，以及它们以什么为食。专门研究化石的科学家叫作"古生物学家"，他们的工作是研究不同时期的生命形式，并利用化石来推断沉积岩层的年代。

化石

化石是保存在地层中的生命遗迹，是生命存在过的证据。骨头和贝壳等动物的坚硬部位、动物活动痕迹和遗物，例如洞穴、巢穴、粪便和脚印，都可以变成化石。植物遗体同样可以变成化石。一起来看看恐龙化石的形成过程吧。

恐龙死于水中或水域附近。它的遗体很快就被沙子掩埋。

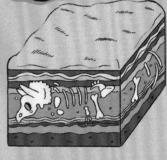

沉积物层层堆积，使遗体变形。地下水将骨骼溶解，遗体中的有机质被水中的无机质所取代。

数千万年后，遗体周围的岩石抬升，露出化石。

玛丽·安宁（1799—1847）

玛丽在英国的海边城镇莱姆里吉斯长大。她的父亲收集并出售化石，她自己也喜欢画化石。在玛丽 11 岁那年，父亲去世，于是她和哥哥一起接手了家族生意。有一次，他俩发现了一副完整的鱼龙化石，但是这种海洋爬行动物的体形太大了，他们不得不花钱请人来挖，随后他们以 23 英镑（约等于现在的 1800 英镑）的价格把化石卖给了房东。英国还流传着一个关于玛丽的绕口令呢！你也来挑战一下吧：She sells sea shells on the sea shore（她在海边卖贝壳）。

注：在我国，盗掘和出售古脊椎动物化石属于违法行为。

化石和地质年代

化石可用来确定沉积岩层的年代，这是因为在不同的地质年代生活的动植物也有所不同。例如，三角龙生活在白垩纪。

实体化石
生物遗体上的坚硬部位，例如贝壳、骨头和牙齿，以岩石的形式保存下来。

模铸化石
印痕化石是生物软体部分留下的印迹，铸型化石则是生物体的印模被矿物质填充后形成的。

特殊化石
这种生物体（包括软体部分）保存完好的化石十分罕见，一般形成于焦油、泥炭、冰和琥珀中。

遗迹化石
生物活动留下的痕迹和遗物，如巢穴、地道、脚印等。

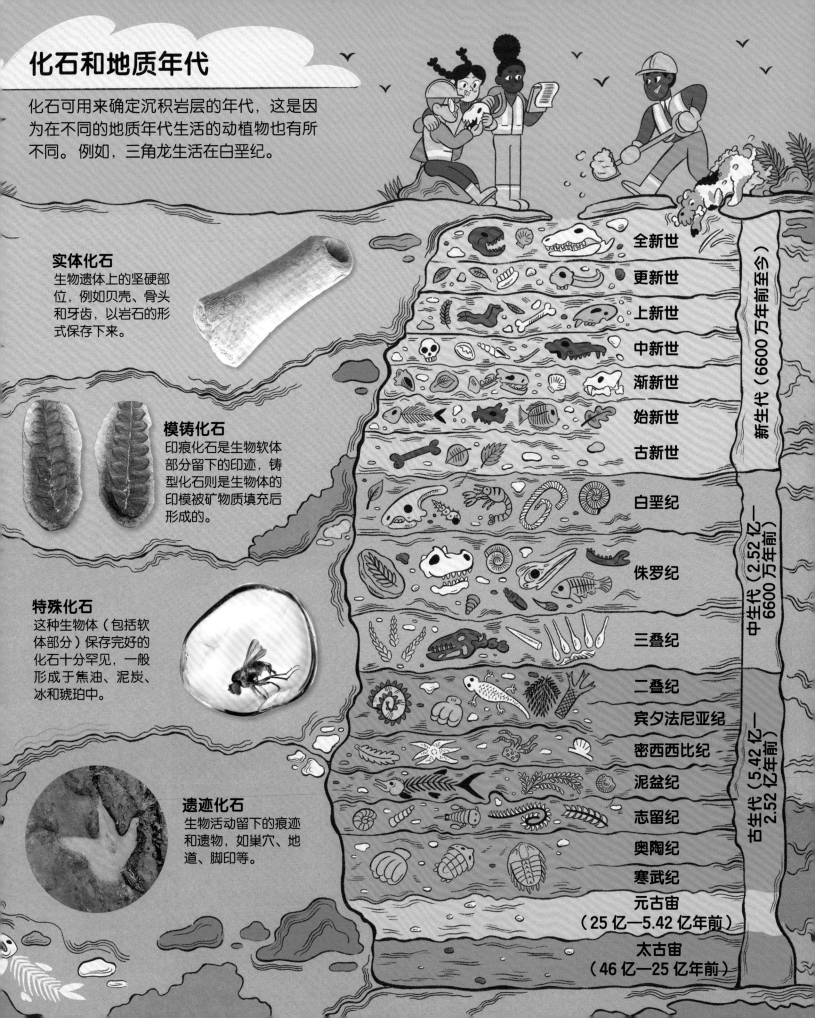

全新世

更新世

上新世

中新世

渐新世

始新世

古新世

新生代（6600 万年前至今）

白垩纪

侏罗纪

三叠纪

中生代（2.52 亿—6600 万年前）

二叠纪

宾夕法尼亚纪

密西西比纪

泥盆纪

志留纪

奥陶纪

寒武纪

古生代（5.42 亿—2.52 亿年前）

元古宙
（25 亿—5.42 亿年前）

太古宙
（46 亿—25 亿年前）

化石中的生命痕迹

古生物学家综合从不同化石中发现的证据，将其与现存的动植物进行比较，从而对过去的生命形式作出假设。下面这些生物骨骼和活动痕迹的化石揭示着数千万年前的生物的面貌。

实体化石

某些化石可以透露动物的生活习性。例如，从一只恐龙的尾巴上发现的一颗霸王龙牙齿告诉我们：霸王龙是捕食者。

伶盗龙的爪子
锋利的爪子和牙齿是肉食动物的标配。所以，伶盗龙是食肉动物。

猛犸象的牙齿
巨大、扁平的牙齿是用来研磨植物的。所以，猛犸象是食草动物。

雷龙的腿骨
这块大腿骨将近两米长，证明雷龙体形庞大。

霸王龙的头骨
从头骨的孔腔可以看出霸王龙的大脑、鼻子和眼睛有多大。

植物化石
植物遗骸能告诉我们植物的进化史，以及食草动物吃什么。

始祖鸟化石
这个有羽毛印痕的骨骼化石，证明了恐龙与鸟类之间的亲缘关系。

昆虫化石
根据化石记录，在昆虫出现的同一时期，植物开始开花。

腕足动物化石
可根据这类生物的化石绘制史前海洋地图。

乔治·居维叶
（1769—1832）

乔治·居维叶是法国动物学家、动物解剖学专家，曾在巴黎自然历史博物馆任教。居维叶仅凭几根骨头就能想象并描绘出动物的样子。他将自己的技能用于研究化石，并根据化石画出史前爬行动物及哺乳动物的模样，由此建立了古生物学。

遗迹化石

并非所有的化石都是生物遗骸化石。有些化石为我们提供了生命存在的间接证据，如恐龙脚印的化石。

剑龙的骨板
为什么剑龙有骨板？科学家尚未找到答案。

波纹化石
石体上的波纹告诉我们远古时代的水如何流动，以及流向何处。

粪化石
粪化石即变成化石的动物粪便，它们能够告诉我们动物吃了什么。

木化石
年轮不仅可以揭示一棵树的年龄，还能够告诉我们地球上的气候变化。

巢穴化石
巢穴化石告诉我们恐龙会产卵。有些卵中还有变成化石的幼崽。

地道化石
蠕虫身体柔软，因此它们的遗体无法保存下来，但我们找到了它们的地道化石。

地质图

在地质图上，不同类型的岩石用不同的颜色表示，断层线、滑坡、化石等也有相应的符号。除此之外，岩层的倾向和走向也会被标记出来，以便地质学家了解岩层在地下的延伸方向。地质图既可以为采矿工程、房屋建筑和交通运输的规划提供依据，也有助于预测地震、火山喷发和山体滑坡。所有地质学家都要学习绘制地质图。

地形

地质图能呈现出地面的高低起伏，即地形。为测量海拔，地质学家从一个已知高度的位置出发，每隔一定距离就从标杆上读取一个高度值，更新到地质图中。

露头

露头指岩石等露于地表的部分。绘制露头时，地质学家需要用到便携放大镜、莫氏硬度计、盐酸等工具，从而确定岩石的种类。有时，他们还要绘出岩石的草图，或用地质锤敲取样本，以供日后识别。

威廉·史密斯
（1769—1839）

威廉·史密斯是英国的一位运河测量员，为了确定运河的开凿位置才开始研究地质。他借助化石来推断岩层的年代，并一手绘制了英国的地质图，这也是世界上第一张地质图！这幅地质图为英国煤炭、石油、铁、锡甚至钻石的开采提供了重要的参考，只可惜它被一位心怀嫉妒的同事剽窃了。史密斯后来因债务危机被没收所有财产，并锒铛入狱。好在他最终得到释放，并被承认是地质图真正的编绘者。这幅具有跨时代意义的现代地质图于1815年出版。

"如果两个岩层中有相同的化石，那它们一定属于同一年代！"

地质罗盘

地质工作者用地质罗盘测量岩层的走向、倾向和倾角，并将这些要素记录在地质图上。走向指的是岩层面与水平面的交线两端延伸的方向，倾向与走向垂直，倾角即岩层面与水平面的夹角。这三个要素一起描述了一个岩层在空间的位置。

地球物理学

地球物理学是一门用物理学方法来研究地球的科学。地球物理学家通过探测地球磁场模式的变化绘制出岩石地图，利用声波绘制海底地形，甚至利用太空中的卫星收集特定岩石发出的电磁波。一起来看看地球物理学家会用到哪些高科技工具吧！

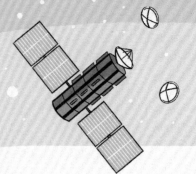

卫星

卫星拍摄的照片、视频可用于绘制地质结构图。卫星还能向陆地发射无线电波和光波，并利用回波探测植被下方的地质结构。

探地雷达

探地雷达发射的无线电波穿透地面，遇到地下隐藏结构会反弹回来。这些回波可以帮助我们推算出该结构的位置、形状、大小和组成。

接地电阻表

电流通过接地电阻表的电极和导线流入大地，经过不同的地质结构时，电流速度会发生变化，从而提供相邻结构的交界位置。

航空磁力仪

航空磁力仪通常由直升机拖曳，用来测量地球磁场的变化。它可以利用岩石中磁性矿物的分布变化探测地质构造，例如断层。

红外热成像仪

所有物体都会释放人类肉眼不可见的红外线。不同的岩石释放和吸收红外线的能力不同。因此，利用直升机或卫星上的红外热成像仪，我们可以观测地表岩石的变化。

三维地质建模

地质学家孤军奋战、绘制纸质地图的时代已经终结。如今，科学家们可以利用在线地图和 GPS 定位，协同更新信息，制作地层的三维模型。

侧扫声呐

侧扫声呐向水中发射高频声脉冲，科学家们通过收集分析反弹回的数据，可以绘制海底地形图，以及寻找隐藏在水下的物体。

地球工程

我们正面临一场气候危机！三百多年来，现代化工业的确给我们带来了更好的生活，但也导致大气中的二氧化碳含量不断增加。这种温室气体将太阳的热量困在大气层中，使我们的地球越变越热。全球变暖对人类和动植物的生存构成了威胁，为了应对气候变化，我们需要对地球系统进行大规模的干预，于是地球工程应运而生。目前科学家们有两种设想：一是将太阳光反射到太空，二是移除大气和海洋中的二氧化碳。

反射太阳光

为了降低地球对太阳辐射的吸收，我们可以在太空中放置巨型镜子，把屋顶刷成白色，采用转基因技术让农作物的颜色变浅，或人工造云——向高空喷洒海水，制造出更易反射太阳光的白云。

人工造云

饲养藻类

藻类能通过光合作用吸收二氧化碳。它们死后，二氧化碳会以沉积物的形式留在海里。只要向海中撒铁或氮，就可以刺激藻类繁殖，让它们吸收更多的碳。但藻类的大量繁殖也会危害海洋生态系统，因此，我们要培育出更安全的新型藻类。

人类世

在地球未被冰川覆盖的区域，有四分之三已被人类改变。我们大肆砍伐树木，将森林变成农田或城市……人类活动影响了大气、海洋、土壤、岩石，并导致上百万种物种灭绝或濒临灭绝，可以说人类彻底改变了地球系统，使地球进入了一个新的地质时期——人类世。

人造火山

我们可以模仿火山喷发后的情况，向空中喷洒硫酸盐颗粒，以阻挡阳光到达地球，从而使全球气温下降。但这只能作为暂时性的解决方案，因为飞机必须不断向空气中喷洒颗粒，才能使气温持续下降。

硫酸盐颗粒

植树造林

树木从空气中吸收二氧化碳，释放氧气。树木死后，二氧化碳就会被储存在土壤中。因此，植树造林有助于扭转气候危机。

增强岩石风化

岩石的风化过程会消耗空气中的二氧化碳。因此，只要增加可被风化的地表，就能消耗更多的二氧化碳。我们可以通过往地面撒碎玄武岩来实现增强风化。

碎玄武岩

将二氧化碳封存在地下

太空地质学

其他星球上同样存在地质作用！我们可以通过对比其他星球与地球的地貌来研究太空中的地质情况。卫星和探测器利用光、无线电波、红外线来拍摄其他星球的照片，并传输回地球。随后，科学家们根据地球上的地质现象，从这些照片中识别出熔岩流、冰川、河谷以及地震断层。

外力作用
水、冰、风等外力改变和破坏地表的作用，主要包含侵蚀、搬运和堆积作用。

构造作用
由地球内部能量变化引起地壳运动的作用，会造成褶皱、裂缝和断层。

火山作用
地球内部岩浆穿过地壳喷出地表的作用，会形成新的岩石和地貌，例如温泉。

地球
这四种地质作用不仅塑造并改造了地球的地形地貌，也塑造了地球的卫星和其他行星的表面。

陨击作用
陨石撞击地球后引发局部地表及环境发生一系列变化的作用。

火山平原
月球上的阴暗区是古老的火山喷发形成的广阔的熔岩平原。

陨石坑
月球表面密密麻麻地布满了陨石、彗星造成的撞击坑。

月球
从月球采回的岩石和土壤的物质构成与地球的相似。由于月球上到处都是陨石坑，且地月距离很近，我们可以推测地球上以前也存在大量陨石坑，只不过板块运动将它们都"擦除"了。

地球上的水
曾经有河流从伊朗的这座山上流下，在山脚处形成扇形的河道——冲积扇。河道现已干涸，留下了与火星上河谷相似的地貌。

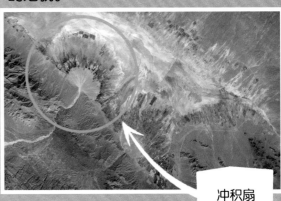

冲积扇

河谷
这些痕迹是水留下的，表明火星上曾经存在过液态水。

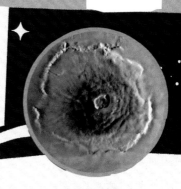

奥林帕斯山
这是一座巨大的盾状火山，宽600多千米，高约25千米。

火星
火星是太阳系中与地球最为相似的行星，其表面有高山、峡谷、沙漠、火山、冰川等多种多样的地形地貌。现在，火星上主要的地质作用是山体滑坡和风化作用。

"好奇"号火星车
在火星表面移动、拍照、采样，并对岩石和土壤进行研究。

制作化石

在这个实验中，面团就相当于大自然中的淤泥，你只需晾干面团，就能获得"化石"啦！

动动手吧！

你需要用到：
- 250 克普通面粉
- 250 克食盐
- 125 毫升温水
- 1 个纸杯
- 贝壳若干
- 带脚的塑料动物玩具
- 橡皮泥或超轻黏土

制作面团

1 将普通面粉和食盐混合均匀。

2 慢慢加入温水，并不断搅拌至面团成形。

3 找一个平面，撒上少许面粉，开始揉面。不断挤压、拉伸面团约 8 分钟，直到面团变得松软有弹性。

遗迹化石

取一小块面团压扁，将其想象成泥泞的地面，将塑料动物的脚压入"泥"里，摁出脚印。将压扁的面团放在暖和的地方晾几天，脚印就会逐渐变硬，变成"化石"。

铸型化石

1. 将橡皮泥放进纸杯底部，压平。把它想象成淤泥或沙子。

2. 用贝壳在橡皮泥上压出印模后拿出。

3. 等橡皮泥变硬后，在橡皮泥上压一块面团。把它想象成淤泥或沙子上的沉积物。

4. 把纸杯放在暖和的地方晾几天。

5. 剪开纸杯，取出橡皮泥。你会看到一个"铸型化石"，那是因为面团填充了贝壳留下的印模。

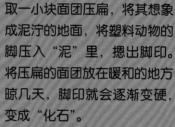

陨石来袭

陨石撞击行星和卫星时会在其表面形成凹坑。这个实验将展示撞击速度与陨石坑形状之间的关系。

动动手吧！

你需要用到：
- 托盘
- 沙子
- 面粉
- 筛子
- 鹅卵石或弹珠
- 护目镜
- 橡皮筋

实验步骤：

1. 在托盘上均匀地撒上 3 厘米厚的沙子，用来代表岩石。

2. 用筛子在上面筛一层薄薄的面粉（厚度以刚好盖住沙子为宜），代表土壤。将托盘放在靠近餐桌或书桌的地面上。

警告

务必佩戴护目镜，并让头部远离撞击区域！

3. 在成人的监督下，选一颗鹅卵石或弹珠作陨石，从固定高度（比如与托盘上方的餐桌或书桌等高处）扔下。

4. 观察"陨石"撞击形成的图案。

5. 保持"陨石"高度不变，将其移动到托盘未受撞击的区域上方。将橡皮筋套在拇指和其余手指之间，发射"陨石"。它这次下落的速度会比第一次更快。

6. 比较两个撞击坑。沙子和面粉的形状变化告诉我们，当受到陨石撞击时，行星和卫星表层的土壤和岩石会发生怎样的位置变化。

浴缸里的海啸

海啸是速度快、破坏力强的海浪。海啸从深海向海岸移动时高度不断增加，能够瞬间淹没一座城市。四分之三的海啸都是由地震引起的，这个实验将展示此过程。

动动手吧！

你需要用到：
- 一个大托盘
- 一条旧毛巾
- 浴缸
- 水

实验步骤：

1. 往浴缸中注入适量的水，将托盘平放于浴缸任意一侧的底部。

2. 把一条旧毛巾搭在浴缸另一侧（毛巾底端不要浸入水中），用来测量浪高。

3. 将手慢慢地放入水中，以免激起波浪。用双手抓住托盘与浴缸长边平行的两侧。

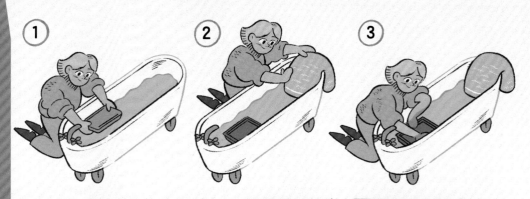

4
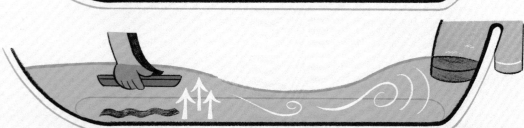

4. 以不同的速度抬起托盘，观察波浪会上升到毛巾的哪个位置：

- 把托盘抬到距离水面一半的位置，动作要慢；

- 把托盘抬到距离水面一半的位置，动作要快；

- 把托盘抬到距离水面一半的位置，动作再快一些；

- 把托盘抬到水面，动作要非常快。

借助水在毛巾上留下的印记，比较每组"海浪"的高度。

陨石海啸

下次，当你来到一片平静的湖边时，试着往水里扔一颗鹅卵石。观察涟漪是如何传播的，以及它们在靠近岸边的过程中是如何变大的。这与陨石引发海啸是同一个原理！

自制石钟乳和石笋

当溶解在水中的石灰岩又变成固体时，就会在溶洞中形成石钟乳或石笋。
这个实验将展示它们的形成过程。

你需要用到：
- 两个果酱罐
- 一只小碟子
- 适量毛线
- 一个勺子
- 小苏打
- 两颗小鹅卵石

实验步骤：

1. 在两个果酱罐中装满热水。

2. 往两罐水中加入小苏打，一次放一勺，能溶解多少就加多少。

3. 将几根毛线搓成一股，将毛线的两端分别放入两个果酱罐里。

4. 在毛线两端压上鹅卵石，然后在毛线中间部分的下方放一只小碟子。

5. 找一个合适的地方放置它们，连续观察几天。

动动手吧！

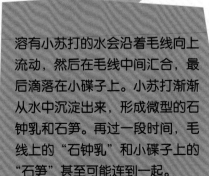

溶有小苏打的水会沿着毛线向上流动，然后在毛线中间汇合，最后滴落在小碟子上。小苏打渐渐从水中沉淀出来，形成微型的石钟乳和石笋。再过一段时间，毛线上的"石钟乳"和小碟子上的"石笋"甚至可能连到一起。

贝壳的循环

构成石钟乳和石笋的是一种叫"方解石"的矿物。方解石存在于石灰岩中，这种岩石是由古代海洋生物的贝壳沉积而成的。方解石被酸雨溶解后被水冲走，直到以石钟乳和石笋的形式沉淀出来，才再次变成岩石。

术语表

沉积物

从水面沉降到水底的各种固体颗粒物，包括岩石碎屑和生物残骸。

晶体

晶体内部的原子、分子排列规则有序，这使晶体具有规则的几何外形。自然界的绝大多数固体物质都是晶体。

岩浆

地下熔融或半熔融的岩石。岩浆喷出地表后被称为"熔岩"。

变质岩

在高温、高压下发生矿物、化学或结构变化的岩石。

结晶作用

岩浆在冷却过程中，不同矿物成分先后析出，形成的晶体最终胶结在一起，变成岩石。

岩浆房

地壳深处暂时储积岩浆的场所。

矿石

经高温或其他方式处理后，能够提炼出金属或其他珍贵矿物的岩石。

感谢如下素材的授权使用
上 =t，下 =b，中心 =c，左 =l，右 =r

7tl mikeuk/iStock Photo, 7tcl Adiputra/Shutterstock, 7tr, 7cl Evgeny Haritonov/Shutterstock, 7tcr Cylonphoto/iStock Photo, 7cr Aleksey Kurguzov/Shutterstock; 8cr wakila/iStock Photos, 8tc lucentius/iStock Photos, 8cl Susan E. Degginger/Alamy Stock Photo 8cl Yes058 Montree Nanta/Shutterstock, 8tr Norbert Dr. Lange/Alamy Stock Photo; 9tl VvoeVale/iStock Photo, 9cr Norbert Dr. Lange/Alamy Stock Photo, 9cti Steve Bowen/iStock Photo, 9cl CribbVisuals/iStock Photos, 9cli KrimKate/istock Photo, 9clii Roman Tiraspolsky/iStock Photo, 9cr Siim Sepp/Alamy Stock Photo, 9cri Yes058 Montree Nanta/Shutterstock, 9crii Susan E. Degginger/Alamy Stock Photo, 9cr bsiro/Shutterstock; 12t bambambu/Shutterstock, 12tl jxfzsy/iStock Photos, 12c Fokin Oleg/Shutterstock, 12b MediaProduction/iStock Photo; 13tc ivorr/iStock Photos, 13cr Anton Starikov/Shutterstock, 13tr Science History Images/Alamy Stock Photo, 13br vvow/ Shutterstock; 14br Kanoke_46/iStock Photos; 21tc mantaphoto/iStock Photo, 21tl thexfilephoto/iStock Photo, 21tr ollo/iStock Photo; 35c akg- images; 28 U.S. Geological Survey. Public domain; 29cl NASA/Carnegie Mellon University/Science Photo Library, 29cr NASA/Science Photo Library; 31t bluecrayola/Shutterstock, 31bl Atmosphere1/Dreamstime, 31cl Mark A Schneider/Dembinsky Photo Associates/ Alamy Stock Photo, 31cr PjrStudio/Alamy Stock Photo; 32bcr jrroman/iStock Photos, 32tl Tolga Tezcan/iStock Photos, 32tcl Yauheni Hastsiukhin/Dreamstime, 32tcr Joyce Photographics/Science Photo Library, 32tr Dong808/iStock Photos, 32bl markrhiggins/iStock Photo, 32bcl Natural History Museum London/Science Photo Library, 32br kavring/Shutterstock; 33tl Dorling Kindersley/Science Photo Library, 33tc Doug McLean/Shutterstock, 33tr gfrandsen/iStock Photo, 33bc Jaroslav Moravcik/Shutterstock, 33br Fossil & Rock Stock Photos/ Alamy Stock Photo 33bl Natural History Museum London/Science Photo Library; 18-19 Lukassek/ iStock Photo; 40tr Vito Palmisano/iStock Photo, 40tc DCrane08, 40tr Kim Vermaat/iStock Photo, 40br StephanHoerold/iStock Photo; 41tl parameter/iStock Photo, 41b Elen11/iStock Photo; 45cr JacobH/istock Photo.

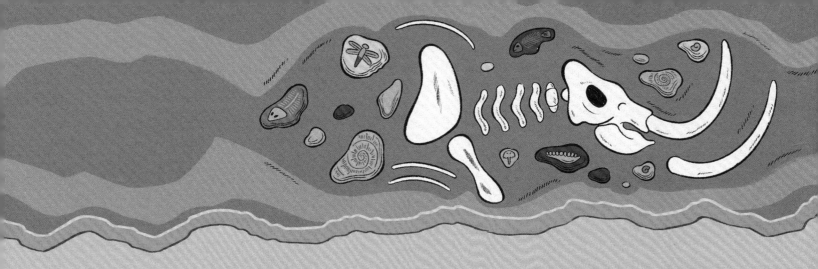

原油
埋藏在地下深处的天然石油，可用于制造燃料和化工原料。

催化剂
能加速化学反应的物质，但本身的数量和化学性质在反应前后基本不变。

冶炼
用熔炼、电解、焙烧等方法把矿石中的金属提取出来的过程。

骨料
用于拌制混凝土或砂浆的砂、碎石或砾石的总称。

断层线
断层面与地面的交线，能够反映断层的延伸方向和规模。

磁场
存在于磁体周围，受磁力作用影响的区域。

地质年代
地壳上不同底层的形成时间和新老顺序，其时间表述单位包括宙、代、纪、世等。

粪化石
石化的动物粪便。

生物修复
将细菌（或其他生物体）添加到土壤、水或空气中，以去除有毒物质和污染物的过程。

红外线
一种人眼不可见的光，位于可见光光谱的红光外侧。

陨石
撞击地球或其他行星表面的太空岩石。

作者和绘者

埃米莉·多德

埃米莉拥有地球物理学和传播学双硕士学位，喜欢与孩子们分享她对大自然的热爱。在学校、图书馆和科学节，总能看到埃米莉和孩子们互动的身影。她居住在苏格兰斯凯岛，那是一个完美的冒险之地。

罗比·卡思罗

罗比是一名插画师和故事创作者，喜欢明亮的颜色和鲜活丰满的人物形象。他会从听到的故事、喜爱的动画和日常生活的小事中汲取灵感，创作自己的故事。罗比生活在英国布里斯托尔。